MÉMOIRE

SUR

LA CULTURE DES ABEILLES

DANS

DES RUCHES A VENTILATION EN PAILLE.

MÉMOIRE

SUR

LA CULTURE DES ABEILLES

DANS

DES RUCHES A VENTILATION EN PAILLE,

ACCOMPAGNÉ D'INSTRUCTIONS DIVERSES RELATIVES AUX

RUCHES ORDINAIRES,

PRÉSENTÉ

Par M. ÉDOUARD THIERRY-MIEG,

A la Société industrielle de Mulhouse, qui en a voté l'impression.

MULHOUSE,

IMPRIMERIE DE P. BARET, IMPRIMEUR DE LA SOCIÉTÉ INDUSTRIELLE,
PLACE DU NOUVEAU-QUARTIER, N. 21.

1841.

MÉMOIRE

SUR LA CULTURE DES ABEILLES

DANS

DES RUCHES A VENTILATION EN PAILLE.

La méthode de culture des abeilles, au moyen de la ventilation, inventée par M. Nutt en 1822, a été beaucoup simplifiée depuis. Plusieurs apiculteurs, et entre autres M. le pasteur Mussehl de Kotelow, en Mecklembourg-Strelitz, et M. le correcteur Lindstaedt, de Schœnhausen sur l'Elbe, s'en sont beaucoup occupés. C'est celui-ci qui, le premier, a employé avec succès les corbeilles rondes en paille pour la confection des ruches à ventilation. Jusqu'alors ces ruches étaient confectionnées en bois et revenaient très-cher, aussi n'en voyait-on que sur les ruchers de riches propriétaires; car, quoique le fort revenu qu'on en retire dans une contrée un peu avantageuse, en eût bientôt couvert les frais, le simple paysan ne se serait jamais hasardé à faire l'essai d'une ruche si dispendieuse.

Maintenant qu'on les construit en paille et si

simplement, que, pour ainsi dire, chacun est à même de les confectionner, il serait à désirer que tous les propriétaires d'abeilles, qui demeurent dans des contrées fertiles en miel, en fissent l'essai. (La meilleure ruche située dans une contrée mauvaise ne pourra jamais prospérer.)

En suivant exactement les instructions que je vais donner, si les circonstances sont un peu favorables, ils ne regretteront pas la modique peine que cela leur aura coûté.

Voici ce que dit à ce sujet M. Lindstaedt, possesseur, en ce moment, d'une trentaine de ruches à ventilation : « J'ai un si grand attache- « ment pour la méthode de la ventilation, que « je ne la quitterai plus ; que le miel de ces ru- « ches est pur ! et qu'il est facile de l'en retirer ! « Cette considération seule devrait déterminer « tous les propriétaires d'abeilles à l'adopter. »

Quant à ce qui regarde le produit des ruches à ventilation, je citerai les exemples suivants : 1° M. Varnot Oswald, de Niederbruck, dans la vallée de Massevaux, récolta la première année 52 kilogr. de beau miel blanc en rayons, d'une ruche à ventilation, qu'il avait peuplée l'année d'avant d'un fort essaim ; la seconde année, il en récolta 33 kilogr. ; ainsi, 85 kilogr. en deux ans.

2° M. Reichenecker, à Ollwiller, à qui une pareille ruche rend tous les ans de 35 à 4o kilogr. de miel.

On a même vu des exemples de ruches qui, situées dans des contrées extraordinairement fertiles en miel, en ont donné deux et même trois quintaux en une seule année.

La culture des abeilles par la ventilation, est une manière perfectionnée et simple de cultiver les abeilles; elle ne donne pour ainsi dire pas de peine et a l'avantage, par la disposition des corbeilles à ventilation (corbeilles latérales), 1° de permettre en tous temps de procurer aux abeilles, de la manière la plus simple et à volonté, de l'espace pour y continuer leurs travaux; 2° de maintenir les abeilles dans une pleine activité pendant la véritable saison du miel, c'est-à-dire pendant l'été, en rafraîchissant l'air de l'intérieur des corbeilles latérales; 3° d'empêcher la reine de pondre dans les réservoirs à miel (corbeilles latérales), afin que les abeilles y amassent du miel pur dans de beaux rayons blancs, en aussi grande quantité que possible.

Quoique, pour opérer la ventilation, les ruches soient munies d'un appareil particulier, ce dernier ne peut produire son véritable effet, qu'en y joignant la bonne position du rucher; la meilleure est celle du sud-est. Celle du sud serait très-défavorable, en ce qu'il serait exposé à la plus grande chaleur. Le matin de bonne heure, on laissera tomber les rayons du soleil pendant une heure sur le rucher ; mais à mesure que la chaleur augmente, la fraîcheur y devient nécessaire ; c'est par cette raison que l'ombre d'un arbre placé devant le rucher, est très-favorable. *Les abeilles se plaisent à butiner au soleil, mais elles préfèrent habiter à l'ombre.*

On conçoit l'utilité de la ventilation, lorsqu'on voit les abeilles chercher elles-mêmes à aérer leur ruche pendant l'été, en faisant la barbe et en battant des ailes dans le voisinage du guichet.

Il faut, autant que possible, *empêcher l'essaimage.* Les apiculteurs savent fort bien que les ruches bien peuplées qui n'essaiment pas, sont celles qui produisent le plus de miel, quoiqu'en été il arrive souvent que, pendant quinze jours de suite, les abeilles de ces ruches soient obligées de faire la barbe et de rester oisives dans la meilleure saison, faute de place suffisante pour bâtir, et parce qu'elles en sont empêchées par la chaleur insupportable qui règne dans l'intérieur.

Il faut bien se garder de croire, que, parce que les abeilles s'y multiplient beaucoup et qu'une seule ruche peut en produire plusieurs, la culture dans les ruches ordinaires (par l'essaimage) produise plus de miel ; car,

1° Les ruches ordinaires n'essaiment pas tous les ans ;

2° Il est reconnu que *trente mille* abeilles, qui habitent une seule ruche spacieuse, rapportent beaucoup plus que trois ruches qui en contiennent chacune *dix mille ;* parce que ces dernières ont à entretenir *trois ménages,* tandis que les premières n'en ont qu'un seul.

Il peut être avantageux d'avoir quelques ruches ordinaires pour l'agrandissement du rucher, par des essaims ; mais on aura des ruches à ventilation pour la véritable production du miel.

L'apiculteur ne peut pas à la fois prétendre, que ses abeilles essaiment (couvent très-fort) et amassent beaucoup de miel. Il faut ou, qu'il élève des abeilles, et que, par suite, il renonce à une bonne récolte de miel, ou, qu'il empêche ses abeilles d'essaimer, afin qu'elles amassent du miel et de la cire en aussi grande quantité que possible. C'est sur ce dernier principe qu'est fondé le système des ruches à ventilation.

Le gouvernement des abeilles dans cette espece de ruches est très-simple. On donne aux abeilles, depuis le printemps jusqu'en automne, assez de place pour travailler. Lorsque le temps est chaud, on ouvre le ventilateur et on le referme aussitôt qu'il se rafraîchit; on vide les corbeilles latérales chaque fois qu'elles sont remplies, et on les remet tout de suite à leur place.

La ruche à ventilation en paille.

La fig. 6 représente cette ruche. Elle est composée de trois corbeilles ordinaires. Celle du milieu, *A*, est la corbeille-mère; c'est la véritable demeure de la colonie et du couvain. Les corbeilles latérales, *B B*, sont destinées à recevoir le miel excédant de l'approvisionnement, et ce n'est que de ce dernier, qu'il est permis de dépouiller la ruche. Les corbeilles latérales peuvent être un peu plus petites que celle du milieu. Toutes trois ont leur propre support *a*, qu'on rapproche suivant le besoin. Chaque corbeille latérale communique avec la ruche-mère, au moyen de quatre passages (fig. 9 *b*), ayant 7 centimètres (2 1/2 pouces) de haut, sur 1 1/2 centimètre (1/2 pouce) de large; ceux-ci sont coupés dans un morceau de bois de sapin, de 22 centimètres (8 pouces) de long, sur 12 centimètres (4 1/2 pouces) de haut; il est échancré suivant la forme de la corbeille, comme le font voir les les fig. 6 *c c c c* et fig. 7 *d d d d*. Afin que les cor-

beilles latérales ne puissent pas facilement être
dérangées, les pièces de communication sont
liées avec celles de la corbeille-mère, au moyen
de petits crochets en fil de fer un peu fort, de
2 3/4 centimètres (1 pouce) de long. (Voyez fig.
6 *e e* devant, et fig. 7 *e e* au-dessus.) L'espace
entre ces pièces de communication est occupé
par un tiroir en bois de 1/4 centimètre (1/8 pouce)
d'épaisseur, muni à la partie postérieure, d'une
poignée (fig. 7 *m m*); ce tiroir sert à ouvrir et à
fermer la communication; il a la même surface
et les mêmes passages, au nombre de quatre,
que la pièce de communication, et est fixé à la
ruche-mère, de manière à pouvoir être mû à
volonté; en le tirant de 2 centimètres (3/4 pouce)
en arrière, on ferme complétement les quatre
passages, et la corbeille latérale se trouve ainsi
séparée de la ruche-mère. On fixe le tiroir mo-
bile au moyen de quatre petites vis *p p p p*,
qu'on enfonce dans la pièce de communication
par les quatre entailles *o o o o* du tiroir, en ayant
soin que les têtes des vis n'en dépassent pas la
surface. Pour cela, il faut que les entailles soient
coupées d'après la forme des vis, comme on
peut le voir à la fig. 11. La poignée du tiroir est
représentée par la fig. 10; ce dernier est parfois
si fortement collé, qu'on est obligé d'enfoncer

un fermoir entre la poignée et la pièce de communication (fig. 7 *i i*).

Voici de quelle manière on adapte les pièces de communication aux ruches : on coupe à un des côtés des corbeilles latérales et aux deux côtés de la corbeille centrale, des trous carrés, de 13 à 14 centimètres (5 pouces) de long (un peu plus grands à l'intérieur), sur 5 1/2 à 6 1/2 centimètres (2 à 2 1/2 pouces de haut) (fig. 8 *a*), selon les anneaux. Toutefois, un anneau, au bas de la corbeille, doit rester intact. On fixe la pièce de communication par dessus ce trou, au moyen de 6 clous ou de vis (fig. 9 *b*), et l'on en bouche les jointures avec de la terre glaise ou du mastic, composé de bouse et de cendre, par dessus lequel, quand il est sec et pour lui donner plus de consistance, on passe du vernis épais, dans lequel on mêle de la cendre tamisée. La figure 12 représente la coupe horizontale du rapprochement de la communication ; le tiroir se trouve au milieu et fait voir la communication entièrement ouverte. Afin que les abeilles puissent, sans s'en apercevoir, passer dans la corbeille latérale, on arrondit fortement tous les angles des passages vers l'intérieur des corbeilles. Deux ou trois vitraux, de 5 centimètres carrés (2 pouces) ou plus, dans chacune des corbeilles latérales, sont nécessaires pour pouvoir, avec facilité, y surveiller les travaux (fig. 6 *k k*). On fixe ces vitraux avec quelques brins de bois, on en mastique les jointures et on les couvre de vieux morceaux de drap double, qu'on attache avec des épingles.

A présent que l'on connaît la disposition que doivent avoir les ruches, pour donner aux abeilles la place nécessaire à la suite non interrompue de leurs travaux, il s'agit de faire voir de quelle manière on leur procure en été, au moyen de la ventilation, de l'air frais, dont l'influence leur est si utile et si salutaire.

Il n'est pas permis d'aérer la corbeille-mère, car, en le faisant, on serait sûr de détruire le couvain nécessaire à la prospérité de la ruche, qu'elle seule contient. Au contraire, les corbeilles latérales doivent être soumises à la ventilation pendant le temps du travail ; cette ventilation est produite tout simplement par un courant d'air, que l'on fait passer par la ruche, en le faisant entrer par le milieu du tablier et sortir par le trou du sommet. Pour cela, le tablier doit avoir au milieu une ouverture de 11 centimètres carrés (4 pouces), qui peut être fermée au-dessous par un tiroir en bois ; c'est ce trou qui est recouvert de la plaque à ventilation, c'est-à-dire d'un treillis en fort fil de fer, à peu près comme fig. 16. On en entrelace les barres au milieu, avec du fil de fer plus mince, pour lui donner plus de solidité. Dans le trou du sommet est suspendue la cheminée à ventilation (fig. 13); elle est en fil de fer, de la grosseur d'une forte aiguille à tricotter, et on rapproche assez les barres pour qu'aucune abeille ne puisse y passer. On entrelace également le milieu des barres *l*, de fil de fer mince pour les empêcher de s'écarter (fig. 14). Les parties supérieure *a* et inférieure *b*, de la cheminée, sont en bois blanc, et faites au tour; la première a un rebord pour l'empêcher de tomber; la seconde forme un cercle d'environ 2 3/4 centimètres (1 pouce) de large et de 4 centimètres (1 1/2 pouce) de diamètre. Dans la figure 15, on voit les petits trous qui sont destinés à recevoir les barres de fil de fer; on fera bien de mettre, dans les parties *a* et *b*, fig. 13, trois ou quatre de ces barres, en les faisant un peu plus fortes. En outre, la partie inférieure de la cheminée est munie d'un treillis en fil de fer (fig. 16), qui est fait avec des espèces de crochets ou crampons (fig. 17), et repose sur la plaque à ventilation. A la partie supérieure se trouve un bouchon *c*, qu'on enlève lorsqu'on veut opérer la ventilation.

Au premier abord, la cheminée à ventilation

paraît superflue, puisque, dans les circonstances ordinaires, la chaleur intérieure suffirait à provoquer un courant d'air. Cependant, si l'on se figure une masse compacte d'abeilles, fermant, pour ainsi dire, toutes les plus petites fissures de la plaque à ventilation, qu'il serait alors nécessaire de placer au sommet intérieur de la ruche, on comprendra aisément, qu'alors, tout courant d'air serait intercepté, et que, par conséquent, pour en produire un, la cheminée à ventilation est absolument nécessaire.

Manière de peupler les ruches à ventilation et de réunir des essaims.— Achèvement de la bâtisse de la ruche-mère.— Réunion d'un essaim d'une ruche à ventilation avec celle-ci. — Commencement des travaux dans une corbeille latérale.

Des ruches populeuses sont la base d'une apiculture heureuse et profitable.

Les ruches à ventilation peuvent être peuplées de différentes manières; le plus ordinairement on les peuple par des essaims, qu'on dépose dans la corbeille centrale; les premiers sont les meilleurs. Il arrivera rarement qu'un essaim reparte, si, avant de le recueillir, on a eu soin d'arroser l'intérieur de la corbeille, d'eau fraîche et d'y frotter ensuite un peu de miel ; mais surtout si, après l'avoir recueilli, on lui a donné beaucoup d'ombre.

Aussitôt que l'essaim est monté dans la corbeille, ce qui arrive d'ordinaire après une demi-heure, on le place sur le rucher, afin que les abeilles ne prennent pas la direction de leur vol vers l'endroit de la récolte, et on laisse la ruche un peu soulevée jusqu'au soir.

Si l'essaim est fort, c'est-à-dire si, le soir, lorsque les abeilles sont rassemblées, il remplit la ruche centrale au moins aux trois quarts, cette dernière est suffisamment peuplée. Si, au contraire, l'essaim est faible, on y réunit encore un essaim moyen de premier jet, ou un fort essaim de deuxième jet (quand même la corbeille centrale devrait être entièrement remplie d'abeilles ; cependant il ne faut pas exagérer). On recueille cet essaim dans une corbeille qu'on place, si on le peut, sur la ruche-mère, afin qu'il apprenne tout de suite la direction du vol qu'il devra prendre plus tard. La nuit venue, on procède à la réunion des abeilles. Dans un endroit où la terre est sèche, on pose, à une certaine distance, deux morceaux de lattes, entre lesquels, par un coup sec frappé sur la corbeille, on jette l'essaim qui

était placé sur la ruche-mère; par ce coup, toutes les abeilles tombent à terre et y restent sans
s'envoler; immédiatement après, on pose la ruche centrale par dessus, et bientôt elles commencent à y monter. L'une des reines est tuée,
et le lendemain matin de bonne heure, avant la
sortie, ou dans la nuit, dès que toutes les abeilles sont montées dans la ruche, on replace cette
dernière sur le rucher.

Dans le cas où l'essaim ajouté ne suffirait pas
à former une colonie nombreuse, on peut jeter
en même temps à terre deux petits essaims ve-
nus le même jour, et les faire monter dans la
corbeille centrale; ou bien, on peut, de la même
manière et plusieurs jours de suite, y recueillir
autant d'essaims que l'on veut.

Si le lendemain, ou quelques jours après qu'on
aura recueilli un essaim, il venait à pleuvoir, et
que ce temps durât plusieurs jours, il serait de
toute nécessité de donner à manger à l'essaim;
il faudrait agir de même si le temps devenait ex-
cessivement chaud et sec, car alors les abeilles
ne trouvent presque pas de nourriture, parce
que le suc mielleux contenu dans les plantes se
dessèche promptement. (Voyez plus loin la manière de nourrir les abeilles.)

Selon que la ruche est plus ou moins peuplée

et que le temps est plus ou moins favorable, la bâtise de la corbeille centrale peut être achevée en quinze jours ou trois semaines. Aussitôt qu'on remarque à travers les vitraux, que les rayons s'approchent du support, il faut pousser un tiroir, pour ouvrir aux abeilles une corbeille latérale. Il vaut mieux ouvrir celle-ci trop tôt que trop tard, car si leurs travaux étaient plus ariérés qu'on ne le supposait, les abeilles attendraient encore pendant quelques jours avant d'entrer dans la corbeille à miel, ce qui ne nuirait pas à la marche des travaux dans la ruche-mère. Mais si l'on attendait trop longtemps avant d'ouvrir une corbeille latérale, les abeilles feraient, dans la ruche-mère, des préparatifs pour essaimer (elles bâtiraient des alvéoles royaux et y porteraient du couvain), qui, à cause du ralentissement des travaux, sont toujours nuisibles aux ruches à ventilation, et que souvent même on ne peut plus empêcher, en ouvrant les deux corbeilles latérales.

En conséquence, si une ruche à ventilation venait à essaimer, la perte de cet essaim lui ferait beaucoup de tort; aussi faudrait-il, *dans tous les cas*, le réunir de nouveau à la ruche-mère, et voici comment on s'y prendra : on recueillera l'essaim dans une corbeille latérale vide de la ruche, on replacera celle-ci à côté de la ruche-mère, en conservant le tiroir fermé ; on laissera l'essaim bâtir, pendant quelques jours, comme une ruche séparée ; c'est à cet effet que cette corbeille est munie d'un guichet. Lorsqu'on voudra réunir l'essaim à la ruche-mère, on fermera simplement le guichet de la corbeille latérale et on poussera le tiroir pour ouvrir la communication avec la ruche-mère. L'une des reines est tuée et la ruche n'y aura rien perdu. S'il devait se trouver un peu de couvain dans les rayons neufs de la corbeille latérale, cela n'aurait pas d'inconvénient, puisqu'il serait détruit aussitôt que cette dernière serait soumise à la ventilation.

La réunion réussit complètement, chaque fois qu'on l'opère dans un temps où les abeilles ne volent pas fort, où la nature produit peu de miel et, s'il est possible, par un temps frais. Plus l'essaim de la corbeille latérale se trouve près de la communication avec la ruche-mère, plus la réunion est prompte et moins on a à craindre de combat. Mais lorsqu'on opère la réunion par un temps très-chaud, où la récolte de miel est forte, et quand même on le fait le soir, il arrive parfois que les abeilles se livrent un combat meurtrier. Ainsi, si après avoir ouvert le tiroir, on remarque du désordre parmi les abeilles, ou si l'on craint qu'il n'y en ait, on n'a qu'à souffler un peu de fumée de tabac dans la corbeille latérale, par le guichet de derrière, et le refermer.

Lorsque la bâtise de la corbeille latérale avancera, et que la masse des abeilles s'y étendra jusqu'au milieu, il faudra par un temps chaud, commencer à l'aérer, afin qu'il n'y soit pas déposé de couvain. (Voyez plus loin la manière d'opérer la ventilation.)

———

Traitement des ruches à ventilation pendant l'été. — Ventilation. — Signes pour reconnaître si une ruche à ventilation a l'intention d'essaimer. — Manière d'empêcher l'essaimage. — Achèvement de la bâtisse dans les corbeilles latérales. — Manière d'enlever une corbeille à miel lorsqu'elle est remplie. — Dépouillement de cette dernière.—Couteaux nécessaires à cette opération. — Manière de faire fondre le miel.

La corbeille mère d'une ruche à ventilation, étant complètement garnie de rayons et ayant bien passé l'hiver, doit être traitée ensuite de manière à l'empêcher d'essaimer. Aussitôt que les plantes à miel, telles que la navette et les arbres fruitiers, commencent à fleurir et si le temps est favorable, le moment sera venu de pousser un tiroir, afin d'ouvrir la communication avec une corbeille. Lorsque, par un temps chaud, les abeilles des ruches ordinaires, commencent à faire la barbe, celles des ruches à ventilation passent spontanément dans la corbeille latérale, pour y bâtir des rayons et y porter leur récolte de miel. Si cette corbeille est complètement vide, il est inutile de l'aérer, il n'est même pas prudent de le faire, car on risquerait de déranger les abeilles dans leurs premiers travaux et ainsi de les engager à essaimer. Au contraire, lorsque la bâtisse des rayons avance et que la masse des abeilles s'étend jusqu'au milieu, il faut, par un temps chaud, commencer à l'aérer ou à la ventiler aussi souvent et aussi longtemps que le temps chaud et la barbe des ruches ordinaires font craindre qu'il ne soit déposé du couvain dans les corbeilles à miel des ruches à ventilation, ou qu'elles ne fassent la barbe et même ne viennent à essaimer.

Pour *opérer la ventilation*, on enlève le bouchon de la cheminée, et pour empêcher la lumière de pénétrer dans la corbeille, on pose par dessus l'ouverture une coiffe en carton, ouverte par derrière ; on ouvre plus ou moins le tiroir qui se trouve au-dessous du support, suivant qu'on veut aérer plus ou moins fort. De cette manière la corbeille à miel est exposée à un courant d'air, qui, en faisant sortir l'air chaud, y amène l'air plus frais de l'extérieur et qui fait plus d'effet qu'on ne pourrait le croire; car un courant d'air chaud même, produit de la fraîcheur. Lorsque le tems est très-chaud, on ouvre le ventilateur à 10 heures du matin et on le referme le soir, si les nuits sont fraîches. On aura aussi soin de reculer la ruche dans l'intérieur du rucher.

Ce serait une faute que de ventiler par le mauvais temps ou par des nuits fraîches.

Depuis le commencement jusqu'à la fin de la récolte du miel et de la construction des rayons, on observera cette règle : *qu'il ne faut jamais laisser les abeilles manquer de place.* Ainsi, aussitôt que les travaux dans la première corbeille ouverte, seront assez avancés pour gêner les abeilles, on ouvrira la seconde, en laissant la première à sa place, jusqu'à ce qu'elle soit presque remplie[1]. Pendant ce temps, la bâtisse avance aussi

---

[1] On fera bien de ne jamais laisser remplir complètement les corbeilles latérales, à moins que la récolte de miel ne soit extrémement abondante, puisqu'il arrivera presque toujours que, malgré la ventilation, du couvain sera déposé

dans la seconde corbeille; mais lorsque celle-ci sera remplie à moitié, on fera bien d'enlever la première, de la dépouiller et de la remettre à sa place, en laissant le tiroir fermé, jusqu'à ce qu'il soit derechef nécessaire d'agrandir la ruche.

La manière *de dépouiller* une ruche à ventilation, de son miel superflu, fait une des parties les plus attrayantes de ce mode de cultiver les abeilles. On procède à l'écartement d'une corbeille latérale : 1° en séparant complètement de leur reine, les abeilles de cette corbeille; on y parvient en fermant le tiroir de communication et en ventilant fortement auparavant. On peut augmenter l'effet de la ventilation, en superposant à la cheminée, un petit tuyau en bois ou en carton. 2° En faisant envoler les abeilles enfermées; ce qui va d'autant plus vite qu'il y en a moins et qu'il ne se trouve point de couvain dans les rayons. On choisira par conséquent un moment où il y aura peu d'abeilles dans la corbeille latérale; par un tems frais, le meilleur moment sera le matin, de très-bonne heure, avant le départ des abeilles pour les champs. Si

---

dans une corbeille entièrement pleine; que l'enlèvement deviendra alors très-difficile et souvent même impossible, parce que les abeilles en feront leur ruche à couver.

la nuit est fraîche et que pendant celle-ci on puisse ventiler fortement, ce sera le temps le plus favorable, puisqu'on n'aura pas à craindre que la reine s'y trouve et qu'on la fasse prisonnière lors de la fermeture du tiroir; car, dans ce cas, il faudrait renoncer à l'opération et la recommencer une autre fois. Par un temps continuellement très-chaud, on pourra aussi le faire à l'heure de midi, lorsqu'un grand nombre d'abeilles sont dans les champs.

Aussitôt que le tiroir sépare la corbeille latérale de la ruche-mère, on obscurcit complètement la première en fermant le ventilateur. Déjà après une demi-heure on entendra les abeilles inquiètes courir aux vitraux et gratter aux parois intérieures de la corbeille; preuve qu'elles sont sans reine. Si au contraire on voyait les abeilles de la ruche-mère, courir impatiemment ça et là, ce serait la preuve que la reine se trouve dans la corbeille latérale et ainsi que je l'ai dit, il faudrait rouvrir le tiroir et recommencer une autre fois.

Plus on laisse les abeilles devenir inquiètes, plus elles s'envolent vite, mais deux heures sont souvent nécessaires pour cela. On les gardera par conséquent enfermées aussi longtemps qu'il le faudra, puis on leur ouvrira le petit guichet

qui se trouve, à cet effet, sur le derrière de la
corbeille; aussitôt les prisonnières en masse se
précipitent dehors, un grand nombre s'envolent
immédiatement, d'autres courent de tous côtés
à l'extérieur de la corbeille, cherchant avec in-
quiétude leur guichet habituel de la ruche centrale. Afin qu'il ne s'introduise pas d'abeilles pillardes, on aura soin de refermer le guichet pendant cinq ou dix minutes, après que la première
masse d'abeilles sera sortie; on en laissera alors
sortir une seconde, puis on fermera le guichet
et ainsi de suite jusqu'à ce que toutes les abeilles soient sorties. Cette opération dure souvent
plusieurs heures, pendant lesquelles il est nécessaire qu'on soit continuellement présent, afin
que la corbeille à miel ne soit pas pillée. On laissera celle-ci à sa place, le guichet fermé, jusqu'au soir; alors seulement on l'enlèvera pour
la dépouiller; à cet effet on la placera renversée
sur un plat, pour que le miel qui pourrait dé-
couler par le ventilateur, soit recueilli. Pour cette
opération, on emploie deux couteaux (fig. 1 et 2);
ils sont à double tranchant; le premier sert à
couper les ligamens de cire, qui attachent les
rayons sur les côtés; à cet effet la lame est placée
un peu obliquement au manche; le second sert
à couper les ligaments du fond, la lame placée

à angle droit sur le manche, de manière que la partie plate de la lame est horizontale lorsqu'on tient le manche verticalement.

En suivant exactement les instructions qui précèdent, on réussira facilement à enlever les corbeilles à miel; on éprouvera un vif plaisir en voyant l'effet d'un procédé si simple, et une fois qu'on se verra en possession d'une corbeille remplie d'un bout à l'autre de rayons pleins du miel le plus pur, on sera pour toujours attaché à la culture des abeilles par cette méthode.

Après avoir sorti les rayons de la corbeille, on en remplit des pots de terre évasés, en ayant soin d'écraser les rayons de manière qu'aucun alvéole ne reste entier. On met ensuite les pots dans un four, aussitôt que le pain en a été sorti, en ayant la précaution de les poser sur quelques morceaux de bois, pour éviter que le miel ne brûle. Lorsque toute la masse est fondue, on sort les pots pour les laisser refroidir; la cire monte à la surface et forme par le refroidissement, un couvercle qui conserve le miel pendant très-longtemps et qu'on n'enlève que lorsqu'on veut s'en servir. Ni le miel ni la cire n'ont besoin d'être passés, car tous les deux sont purs.

Il est une autre manière de faire fondre les rayons, c'est au bain-marie. On place les pots dans une chaudière contenant de l'eau froide, qu'on porte à l'ébullition et qu'on conserve à cette température jusqu'à ce que toute la masse soit fondue.

Il y a des années qui favorisent singulièrement l'essaimage, pendant lesquelles même des ruches à plusieurs hausses, essaiment. Il n'est donc pas étonnant que cela arrive aussi quelquefois aux ruches à ventilation, quoique les abeilles n'aient pas manqué de place pour bâtir; mais plus on prendra de soins pour l'empêcher, moins cela arrivera.

L'essaimage n'est pas à craindre, tant qu'une ruche bâtit avec activité, qu'elle a de la place suffisamment et qu'on peut l'aérer convenablement. Si, au contraire, pendant la plus forte récolte, elle cesse de travailler; qu'on voie même les abeilles construire des alvéoles de reine au bord des rayons et attendre que les jeunes reines soient écloses, on a tout lieu de craindre que la ruche n'essaime. On cherchera à l'éviter, en la transportant, à l'heure de midi d'une belle journée, à la place d'une autre moins peuplée et celle-ci à la place de la première. Toutes les abeilles sorties de ces deux ruches, entrent à leur retour dans une ruche étrangère, qui se trouve à la place où elles sont respectivement habituées de venir, et elles y sont volontiers admises; car elles ne s'approchent pas en volant avec incertitude, mais arrivent chargées et ne sont par conséquent pas considérées comme pillardes [1].

De ce que peut-être un tiers des abeilles de la ruche qui veut essaimer, entrent à leur retour dans la ruche moins peuplée, il résulte que la première perd plus d'abeilles qu'il ne lui en arrive à la nouvelle place qu'elle occupe, et cette perte de population l'empêchera d'essaimer. La ruche plus faible au contraire, par suite du renfort de population qu'elle a reçu, bâtit avec d'autant plus d'activité.

Il y a un autre moyen plus sûr, mais plus difficile à exécuter, pour empêcher l'essaimage : il consiste à enlever à la ruche-mère, tout le couvain mâle, ou du moins la plus grande partie de ce couvain.

Dans le cas où, malgré toutes les précautions, une ruche à ventilation viendrait à essaimer, il ne faudrait pas le considérer comme un malheur pour la ruche; seulement il faudrait *dans tous les cas*, comme il a été dit plus haut, recueillir

---

[1] Cette transposition est très-avantageuse, pour renforcer des ruches pauvres en abeilles.

l'essaim dans une corbeille latérale et le réunir ensuite à la ruche-mère.

Rajeunissement de la corbeille-mère. — Augmentation du rucher. — Application très-avantageuse de la réunion de deux peuples dans une ruche ordinaire.

Tous les apiculteurs savent que les rayons qui se trouvent sur le devant de la ruche et dans lesquels les abeilles font toujours leur couvain, deviennent peu à peu complétement noirs. La peau des chrysalides, lors de leur transformation, restant chaque fois dans les alvéoles, ceux-ci deviennent à la longue si étroits, qu'ils sont absolument impropres à cet usage.

Dans les ruches ordinaires, ces rayons doivent être enlevés partiellement tous les ans; si on néglige cette précaution, la ruche cesse d'essaimer, elle devient pauvre, parce qu'elle ne peut plus produire le nombre d'abeilles nécessaires et périt. Il faut surtout avoir soin d'enlever les rayons à alvéoles de mâles, dont le nombre trop considérable engendrerait proportionnellement trop de faux bourdons, qui seraient nuisibles à la ruche.

Comme dans les ruches à ventilation, la corbeille-mère ne doit jamais être dépouillée et que cependant, après quatre ou cinq ans, le renouvellement des rayons à couver, devient nécessaire, on peut, après la troisième année, faire tourner la ruche sur elle-même, de manière que la partie postérieure devient le devant de la ruche, si toutefois elle ne contient pas de rayons à alvéoles de mâles; il faudra seulement y couper préalablement un guichet qui restera fermé jusqu'au moment où on la retourne. Après la cinquième année, on prendra pour ruche-mère, une jeune ruche ordinaire bien peuplée, qu'on aura préparée d'avance.

Le rajeunissement de la vieille ruche peut être opéré en une seule fois, de la manière suivante : Au printemps, on place la ruche sens dessus dessous, en ayant soin d'en fermer le guichet; on met par dessus une corbeille vide avec un support percé au milieu, d'une ouverture de 8 centimètres (3 pouces) de diamètre. Les abeilles sont obligées de passer par la corbeille vide, y construisent des rayons et y fixent leur demeure. Au mois d'Octobre ou de Novembre, lorsqu'il n'y aura plus de couvain, on pourra enlever et vider la vieille ruche, si toutefois la ruche supérieure a assez de nourriture, pour arriver jusqu'à la nouvelle récolte.

Si les étages du rucher sont trop rapprochés pour permettre de superposer les ruches, on pourra y remédier, en mettaut la corbeille vide à la place de la vieille ruche et celle-ci immédiatement derrière ou à côté, en les faisant communiquer au moyen d'un passage couvert et aussi court que possible. Les abeilles aimant à avoir leur demeure dans le voisinage du guichet, commencent bientôt à travailler dans la jeune ruche.

Il est une autre manière de parvenir au rajeunissement d'une ruche à ventilation : elle consiste à faire bâtir et à faire couver les abeilles dans une corbeille latérale, en ouvrant le guichet de celle-ci et en fermant celui de la corbeille-mère. On vide celle-ci en Automne, on en r'ouvre le guichet au printemps et on referme celui de la corbeille latérale, afin que les abeilles soient obligées de construire et de reprendre leur demeure dans la ruche-mère.

Une condition essentielle à remplir, c'est que la reconstruction de la corbeille - mère ait lieu au printemps, et non en été, lors de la plus grande récolte de miel; car, dans cette dernière saison, les abeilles ne bâtissent souvent que des alvéoles de mâles, parce que ces alvéoles étant plus grands et se construisant plus rapidement que les autres, leur permettent d'amasser une plus grande quantité de miel dans le même temps. Dans ce cas, la ruche produirait par la suite un grand nombre de faux bourdons et peu d'ouvrières, et cette disproportion la conduirait à sa ruine.

On ne laissera jamais essaimer plus *d'une fois*, les ruches ordinaires que l'on conservera pour l'augmentation du rucher. On agrandira toutes celles qui n'auront pas essaimé avant le 10 Juin, afin de les empêcher de le faire; car il est rare que les essaims tardifs fassent de bonnes ruches. On empêchera aussi celles qu'on aura laissé essaimer, de jeter un second essaim, en leur donnant une hausse, ou en leur superposant une petite corbeille [1], dès que le premier sera

---

[1] Pour réussir plus facilement à faire bâtir les abeilles dans une cloche en verre ou dans une petite corbeille superposée, il faut percer la ruche au sommet, d'un trou de 5 à 6 centimètres (2 pouces) de diamètre et fixer dans la corbeille un petit morceau de rayon; peu importe qu'il soit vide ou non, il engagera les abeilles à continuer ce travail commencé. C'est un moyen que je conseille d'employer aussi, chaque fois qu'on voudra faire bâtir les abeilles dans une corbeille latérale, ou dans toute autre corbeille ne contenant encore aucun ouvrage et devant servir à l'agrandissement ou au rajeunissement d'une ruche; mais il faudra avoir soin de placer le morceau de rayon aussi près que possible du passage entre les deux ruches.

sorti; ou bien, comme il a été dit plus haut pour le rajeunissement, en renversant la vieille ruche et en mettant une corbeille vide au-dessus. Si celle-ci n'est plus entièrement remplie ou si elle ne contient que quelques rayons, on pourra, en Septembre, renverser ensemble les deux ruches, afin que la vieille revienne au-dessus et que les abeilles y reprennent leur demeure; en Octobre ou Novembre, on enlèvera alors la corbeille inférieure, qu'on fermera hermétiquement jusqu'à l'année prochaine, où l'on pourra y recueillir un essaim qui ne manquera pas de réussir parfaitement. On pourrait aussi mettre cette corbeille sur une ruche qu'on voudrait rajeunir et qu'on renverserait pour cela après le jet de l'essaim.

Pour empêcher l'essaimage, on peut aussi placer la vieille ruche immédiatement derrière une corbeille vide ou à côté, comme il a été dit pour le rajeunissement.

Enfin, on appliquera toutes les manières d'agrandissement qui précèdent, à des ruches qui font longtemps la barbe sans vouloir essaimer.

Pour augmenter le nombre des ruches, il est au fond inutile d'avoir des ruches spécialement destinées à cela. Si l'on désire avoir des essaims, on peut les obtenir également des ruches à ventilation elles-mêmes; car elles redeviennent ruches ordinaires, dès qu'on tient les corbeilles latérales fermées; celles-ci ne sont ouvertes, dans ce cas, que lorsque l'essaim est sorti. Mais on conçoit qu'une ruche qu'on laissera ainsi essaimer, ne pourra plus donner la même quantité de miel.

Si, malgré toutes les précautions, on devait, dans des années extrêmement favorables à l'essaimage, obtenir des essaims de second jet, on en renforcerait des ruches à ventilation dont la colonie serait faible, ou qui auraient trop de faux bourdons, ou des ruches dont la reine serait déjà vieille ou bien ne pondrait que des œufs de faux bourdons. Pour cela on recueillera l'essaim dans une corbeille latérale et on agira comme il a été dit plus haut. De cette manière on bonifie la vieille ruche et outre cela on pourra récolter le miel que produira l'essaim recueilli.

Cette dernière espèce de réunion d'essaims me conduit à donner ici la description d'une manière extrêmement avantageuse pour l'apiculteur, de réunir les abeilles de plusieurs ruches ordinaires, dans une seule, et cela au mois d'Octobre, lorsque la récolte du miel est terminée. Je la ferai précéder du principe suivant : *Trente mille abeilles partagées dans trois ruches, consomment proportionnellement trois fois plus, que si elles se trouvaient réunies dans une seule.*

Sur tous les ruchers, il se trouve pour ainsi dire des ruches pauvres, soit en population, soit en nourriture; ce sont principalement les essaims tardifs qui se trouvent dans ce cas. Les nourrit-on jusqu'à la prochaine récolte, ils coûtent fort cher; les laisse-t-on manquer de nourriture au printemps, ils périssent et c'est ordinairement ce qui arrive, parce que la plupart des apiculteurs ne savent pas, qu'on peut réunir une ruche à une autre, sans que pour cela celle-ci consomme davantage.

On peut réunir 2 et même 3 ruches, suivant qu'elles sont plus ou moins peuplées. Voici de quelle manière on s'y prend. Je suppose qu'on veuille réunir une ruche pauvre en nourriture, à une autre qui en soit au contraire bien pourvue. Par une soirée du mois d'Octobre ou de Novembre, aussitôt qu'il ne se trouve plus de couvain dans la ruche, et avant qu'il ne fasse nuit (à la lumière l'opération est plus facile, mais on a plus de peine à trouver la reine), on ferme le guichet de la ruche pauvre, on l'enfume fortement de tabac, afin d'étourdir les abeilles et les empêcher de s'envoler; on la retourne sens dessus dessous et au moyen des couteaux décrits plus haut, on en sort un à un tous les rayons, en enlevant avec une plume toutes les abeilles qui se trouvent entre ces rayons, pour les réunir dans la partie vide de la corbeille[1]; il faut pendant ce travail tâcher de découvrir la reine, car pour réussir, il faut absolument *la trouver et l'écarter.*

Lorsque tous les rayons sont sortis, on couvre la corbeille d'une toile, afin que les abeilles qui s'y trouvent maintenant sans reine, ne puissent s'envoler, et la nuit venue, on procède à la réunion. Pour cela on retourne la ruche qui doit les recevoir, on l'enfume fortement, puis, au moyen d'une plume, on arrose toutes les abeilles d'eau miellée (on en prend environ les 3/4 d'un verre ordinaire); ensuite on verse les abeilles de la corbeille dépouillée, par dessus les rayons entre lesquels on les répartit. Si on avait déjà enlevé des rayons de cette ruche, on ne les verserait dans aucun cas, dans la partie vide, mais sur les rayons les plus peuplés.

Ensuite on couvre la ruche de son support et on en ferme toutes les ouvertures, cependant pas plus qu'il ne faut pour empêcher les abeilles de sortir; si on fermait hermétiquement, on

---

[1] S'il s'y trouve des rayons blancs vides, on pourra les fixer dans une corbeille, dans laquelle on recueillera un essaim l'année suivante.

risquerait de les étouffer. On laisse la ruche dans cette position, jusqu'à ce que les abeilles soient devenues complètement tranquilles, quand même cela devrait durer deux jours ; pendant ce temps, le mieux serait de mettre la ruche dans un lieu obscur et frais.

J'ai réuni de cette manière, l'automne dernier, une trentaine de ruches pauvres, tant jeunes que vieilles, ainsi qu'une vieille ruche qui ne pondait que des mâles (dont je n'ai pu trouver la reine), sans qu'il y ait eu jamais plus de 20 ou 3o abeilles mortes par ruche. Une seule fois, il m'arriva de ne pouvoir découvrir la reine, et le lendemain j'eus le chagrin de trouver tuées presque la totalité des abeilles ajoutées, y compris cette reine. Après cet accident, j'ai encore réuni un grand nombre de ruches dont j'ai chaque fois enlevé la reine, et la réunion s'est très-bien opérée.

Les ruches qu'on forme ainsi deviennent très-peuplées, et par suite essaiment beaucoup plus tôt que les autres, ce qui est un grand avantage ; en outre on récolte le miel qui se trouvait dans la ruche pauvre.

Manière de nourrir les abeilles. — Cause de la perte d'un grand nombre de ruches ordinaires. — Avantage des ruches à ventilation.

Lorsqu'immédiatement après la récolte d'un essaim, le temps se met à la pluie, il est nécessaire de nourrir cet essaim, jusqu'à ce que les abeilles puissent de nouveau aller aux champs. Si l'été est extrordinairement sec et chaud et que les plantes ne produisent pas de miel, une jeune ruche demande à être nourrie légèrement pendant assez longtemps; sans cela on risque que la colonie ne prenne la fuite, ce qui arrive souvent au mois d'Août et quelque fois plus tard, surtout avec des essaims tardifs. Quand on aura de pareilles ruches, on fera bien de ne pas attendre trop longtemps pour les réunir à des ruches bien approvisionnées, et de les nourrir légèrement jusque là.

Une ruche qu'on veut faire hiverner, doit avoir en Novembre 7 1/2 à dix kil. net (15 à 20 livres) de miel, c'est-à-dire déduction faite du poids de la corbeille et de 3 kilogr. (6 livres) pour le poids des abeilles et de la cire. Si elle en a davantage, elle pourra couver d'autant plus au printemps, et par conséquent profitera mieux à son propriétaire [1]. Si elle en a moins, il faudra lui compléter ce poids en Mars et Avril, parce que dans cette saison, les abeilles couvent fortement et ont par conséquent besoin de beaucoup de miel.

Pour passer l'hiver, c'est-à-dire pour être alimentée jusqu'à la fin de Février, une ruche doit avoir net 5 à 6 kilogr. (10 à 12 livres) de miel ; si elle en a moins, on la nourrira encore avant l'hiver. Au reste, la nourriture d'automne a le désavantage d'engager les abeilles à oublier le commencement du repos de l'hiver, à amasser du pollen et à produire du couvain, qui entre en putréfaction lors des gelées et où les abeilles mêmes risquent de périr, parce qu'elles ne se sont pas formées en masse compacte.

Pour éviter le pillage, c'est toujours le soir qu'on donne la nourriture aux abeilles ; la meilleure consiste en des rayons de miel frais [2], qu'on place au-dessus de la ruche, et que l'on recou-

---

[1] On observera, lors de la taille, le principe de *ne jamais appauvrir une ruche*. Trop enlever à une ruche est une grande faute et porte le plus grand dommage au propriétaire.

[2] Des rayons dont le miel n'est pas candi, car dans ce cas, il faudrait dabord les faire fondre en y ajoutant un peu d'eau et nourrir comme il est dit plus loin.

vre d'une petite corbeille, après avoir enlevé le
bouchon ; on a soin de fermer les intervalles
entre cette petite corbeille et la ruche, avec des
morceaux de linge. Les abeilles portent le miel
dans leurs propres rayons et après un ou deux
jours, on peut enlever les rayons vides. Si les alvéoles des rayons de miel qu'on leur donne sont
fermés, il n'arrivera pas toujours que les abeilles les vident ; si donc on ne veut pas que ces
rayons restent au-dessus de la ruche pendant
tout l'hiver (dans le cas contraire la corbeille
qui les couvrirait, devrait être très-petite et bien
lutée), on n'aura qu'à faire de légères incisions
dans tous les couvercles des alvéoles et on sera
sûr qu'elles les videront.

Le moyen le plus simple et le plus convenable
de nourrir les abeilles, est celui de superposer
à la ruche, une petite corbeille garnie de rayons
de miel ; on peut aussi fixer des rayons dans
l'intérieur de la ruche même, si la place le per-
met.

Au printemps on peut nourrir avec du miel
délayé dans de l'eau, mais alors il faut que les
abeilles puisssent sortir, afin de pouvoir se dé-
barrasser de leurs excréments devenus liquides.
On délaye le miel avec un peu d'eau chaude, on
le laisse refroidir et on en remplit un verre ou

un petit pot; on le couvre d'un morceau de vessie qu'on aura d'abord mouillée, on l'attache avec un fil et au moyen d'une grosse épingle, on y pique un grand nombre de trous. On place le vase renversé sur le trou du sommet de la ruche et on le couvre d'une corbeille ou d'un drap. Les abeilles introduisent leurs trompes dans les petits trous de la vessie et sucent le miel contenu dans le verre.

On peut nourrir les abeilles de la même manière avec du sucre brut, dissous dans l'eau et auquel on mêle un peu de miel.

J'ai déjà dit qu'il y a des années qui favorisent singulièrement l'essaimage et ce sont surtout celles qui produisent peu de miel, qui portent les abeilles à se reproduire. Elles éprouvent le besoin de travailler et si elles ne trouvent pas de miel à récolter, elles produisent plus d'abeilles et essaiment beaucoup. De là vient que, dans ces années, il périt un si grand nombre de ruches ordinaires, soit que ces ruches proviennent d'essaims de l'année, ou qu'elles soient des ruches qui ont essaimé dans cette année même. Par l'essaimage, la population se divise; la ruche-mère est affaiblie; comme elle ne peut envoyer aux champs que très-peu d'abeilles pour récolter le miel produit par la nature en si petite quantité, elle en reçoit si peu, qu'il ne suffit pas à la consommation journalière des abeilles. Si donc elle ne possédait pas une provision suffisante de miel, déjà avant d'avoir essaimé, elle périrait par la suite, si on ne lui vient pas en aide.

L'essaim se trouve dans une position bien plus critique encore, puisqu'il n'a ni provision, ni même une habitation construite; il ne pourra donc pas se soutenir longtemps. Si on ne le nourrit pas dès le commencement, il prendra bientôt la fuite, ou il languira pendant quelque temps et ne partira que plus tard. Mais, si avec le peu de miel récolté, il atteint l'hiver, on trouvera au printemps toutes les abeilles dans la ruche, mortes d'inanition.

Si, au contraire, la population d'une ruche reste réunie, comme dans une ruche à ventilation, ou dans une ruche ordinaire qui n'a pas essaimé, il lui reste toute sa vigueur; elle a assez d'abeilles pour récolter le miel dont elle a besoin et qui ne doit servir qu'à *un seul ménage*, tandis que la population divisée a *deux ménages* à approvisionner. Quand même une ruche à ventilation donne un essaim, la population n'en est pas divisée pour cela, puisque, par la réunion de l'essaim à la ruche-mère, elle n'est séparée que pour peu de temps. Aussi il arrivera rarement qu'une ruche à ventilation bien peuplée, ne puisse récolter assez de miel pour sa consommation ; et si ce cas arrivait, le propriétaire, dans son intérêt, ne devrait pas hésiter un seul moment à lui porter un généreux secours.

Hivernage des abeilles.

Nutt et d'autres apiculteurs conseillent de mettre les ruches, pendant l'hiver, dans une chambre froide et obscure [1], où n'étant pas exposées à de trop fortes variations de température, elles doivent consommer moins que si elles se trouvaient sur le rucher ordinaire. Par des hivers fort rigoureux, ce principe est juste, et je l'ai suivi pendant plusieurs années. Mais, lorsque l'hiver est doux (comme celui de 1839 à 40), les abeilles s'en ressentent plus ou moins, même dans leur appartement obscur ; elles s'agitent fortement et cherchent à se frayer une sortie. Les laisse-t-on sortir de la ruche, elles volent

---

[1] On ferme alors le guichet, au moyen d'un morceau de fer-blanc, percé d'un grand nombre de petits trous, pour laisser passer suffisamment d'air aux abeilles.

pendant quelque temps dans l'appartement, ne retrouvent plus leur guichet, tombent à terre et s'engourdissent par centaines; les garde-t-on enfermées, elles produisent par leur agitation une chaleur qui, dans une de mes ruches, il est vrai très-peuplée, s'est élevée à 45-50° centig. Les rayons fondirent en partie et la consommation dans toutes les ruches fut plus grande que si je les avais laissées sur le rucher ordinaire.

Plusieurs apiculteurs ont fait la même expérience; ainsi je dois conseiller de laisser les ruches sur le rucher, de bien les couvrir de toiles ou autres choses, de tenir le guichet très-étroit et de placer à côté, un morceau de bois, pour empêcher les rayons du soleil de pénétrer dans l'intérieur, ce qui engage souvent les abeilles à sortir, et les met en danger de périr d'engourdissement. Quoiqu'il soit vrai que, durant l'hiver, un grand nombre d'abeilles périssent de cette manière, il en périt cependant moins que par l'emprisonnement, parce qu'elles sont alors pour ainsi dire asphyxiées.

Vers la fin de Février ou au commencement de Mars, lorsque les abeilles ont pu sortir pendant quelques jours, on nettoie et on change les supports. Si on a des ruches faibles, il sera nécessaire de voir souvent s'il ne se trouve pas de fausses teignes au bord inférieur de la ruche, et dans ce cas on les enlèvera; toutefois on ne devra jamais laisser la ruche soulevée, comme beaucoup d'apiculteurs ont coutume de le faire, afin, disent-ils, que les abeilles puissent se nettoyer elles-mêmes; on lutera au contraire soigneusement toutes les fentes et on tiendra les guichets étroits. On élargit peu à peu ces derniers, à mesure que la saison avance, et au mois d'Août, après la guerre des faux bourdons, on les rétrécit de nouveau.

Ennemis des abeilles.

Les ruches qui bravent tous les accidents fâcheux, qui ne meurent pas de faim dans les années de mauvaise récolte, qui ne périssent pas de froid dans les hivers rigoureux et qui ne sont détruites ni par les fausses teignes, ni par les abeilles pillardes, sont *celles dont la provision de miel est grande et la population nombreuse.*

Quelles que soient les espèces de ruches, elles doivent, à l'exception du guichet, être partout hermétiquement fermées, afin que la vermine ne puisse s'y introduire, inquiéter les abeilles ou même les détruire.

Les *fourmis* ne sont pas dangereuses pour les abeilles, mais elles les inquiètent.

Les *souris* sont principalement à craindre en hiver, où elles entrent dans les ruches et y font souvent beaucoup de dégât. Les *mésanges*, les *pics*, les *hochequeues*, les *frelons* et les *rouge-gorges*, attrapent beaucoup d'abeilles au guichet. En automne, les *guêpes* cherchent à entrer dans les ruches pour piller.

Depuis le mois d'Avril jusqu'en Novembre, une petite espèce de *phalène* se tient près des ruches et tâche d'y entrer pour y déposer ses œufs, qui donnent ensuite les vers qu'on appelle *fausses-teignes* et qui sont les ennemis les plus dangereux des abeilles, parce qu'ils se multiplient extrêmement vite, se nichent peu à peu dans tous les rayons et chassent à la fin les abeilles. Lorsque les vers ont déjà fait leur coque dans les rayons, ce que l'on reconnaît à la moins grande ardeur des abeilles au travail et à de petits grains noirs qu'on trouve sur le tablier, il est grandement temps de venir au secours de la ruche. On enlève les rayons les plus attaqués, on nourrit le soir les abeilles, afin de leur donner plus de courage à combattre leurs ennemis; on change souvent les tabliers, pour empêcher les vers qui s'y trouvent de remonter dans la corbeille, et on continue cette opération jusqu'à ce que les abeilles soient capables de sortir elles-mêmes les vers. Souvent il n'est plus possible de secourir la ruche et on est obligé d'en sortir les abeilles pour les réunir à une autre, afin de sauver du moins leur provision de miel. De jour, on trouve les papillons collés contre les ruches ; on fera bien d'écraser tous ceux qu'on apercevra.

Il faut chercher à détruire les *araignées* dans le rucher, car beaucoup d'abeilles trouvent la mort dans leurs filets.

Il n'y a pas d'espèce particulière d'*abeilles pillardes*, toutes les abeilles peuvent être excitées au pillage. Dans les saisons où la nature produit peu de miel, l'odeur du miel dans les ruches les attire et elles tâchent de s'y introduire ; elles ne sont dangereuses que pour les ruches faibles. Comme je l'ai dit plus haut, au printemps et en automne, on tiendra les guichets étroits. Une ruche qui n'a plus de reine, est facilement pillée, parce que sa population est découragée.

Lorsqu'une ruche est déjà attaquée par beaucoup de pillardes, ce qu'on reconnaît aux combats nombreux près du guichet et à la sortie précipitée d'un grand nombre d'abeilles, on chasse les pillardes par la fumée, et le soir on porte la ruche dans un lieu obscur et frais, où on la laisse pendant quelques jours, jusqu'à ce que les pillardes aient perdu leur vol.

Dans la saison du miel, on pourrait aussi employer la transposition, c'est-à-dire mettre une ruche populeuse à la place de la ruche pillée et celle-ci à la place de la première; de cette manière on mettrait certainement aussi fin au pillage.

TABLE DES MATIÈRES.

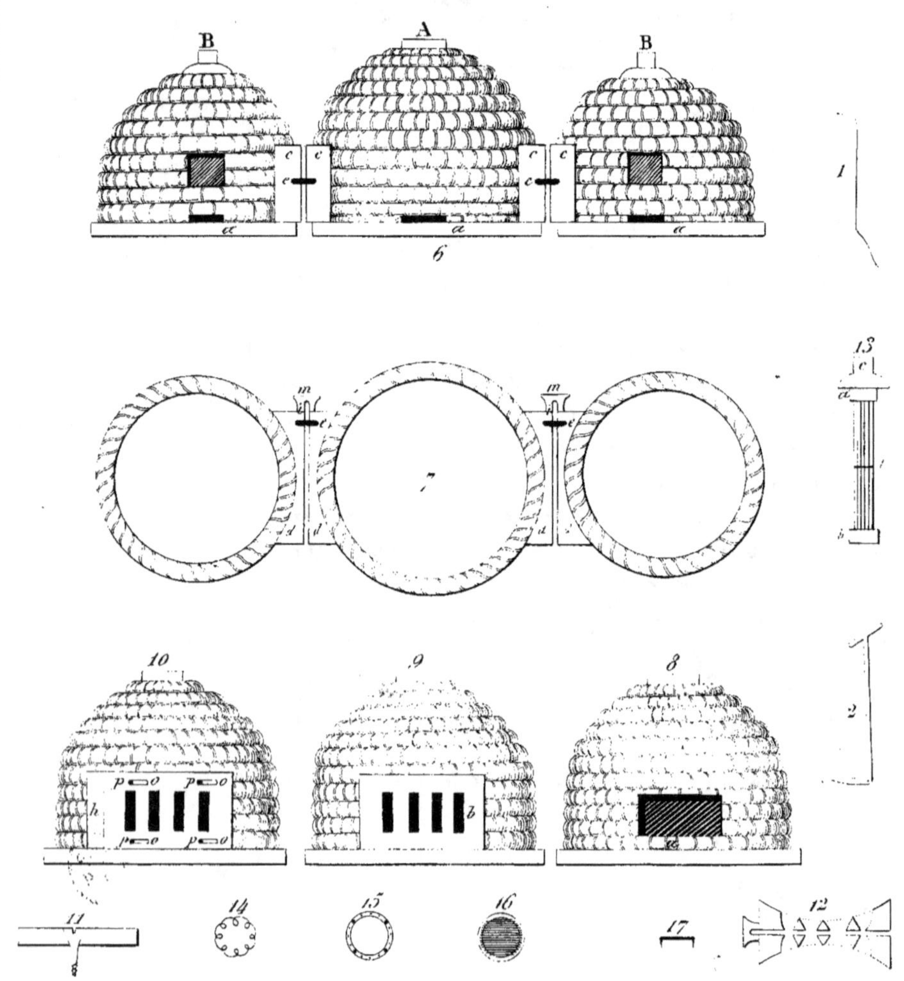

B
A
B
c c
c c
c c
a
a
a
6
1
m
m
e
e
13
e
a
b
d d
d d
7
10
9
8
2
p o
p o
p o
p o
h
b
14
15
16
11
17
12